# BEI GRIN MACHT SICH IHR WISSEN BEZAHLT

- Wir veröffentlichen Ihre Hausarbeit, Bachelor- und Masterarbeit

- Ihr eigenes eBook und Buch - weltweit in allen wichtigen Shops

- Verdienen Sie an jedem Verkauf

Jetzt bei www.GRIN.com hochladen und kostenlos publizieren

**Bibliografische Information der Deutschen Nationalbibliothek:**

Die Deutsche Bibliothek verzeichnet diese Publikation in der Deutschen National-
bibliografie; detaillierte bibliografische Daten sind im Internet über http://dnb.d-
nb.de/ abrufbar.



**Impressum:**

Copyright © 2015 GRIN Verlag, Open Publishing GmbH
Druck und Bindung: Books on Demand GmbH, Norderstedt Germany
ISBN: 9783668283251

**Dieses Buch bei GRIN:**

http://www.grin.com/de/e-book/338738/das-amazonastiefland-die-zerstoerung-
des-tropischen-regenwaldes-durch

Charlott Zitschke

# Das Amazonastiefland. Die Zerstörung des Tropischen Regenwaldes durch Deforestation

## Ist es noch möglich, den Tropischen Regenwald zu retten?

GRIN Verlag

Friedrich-Schiller-Universität Jena

Institut für Geographie

WiSe 2014/15

GEO 144 – **Studium und Studientechnik**

# Die Zerstörung des Tropischen Regenwaldes durch Deforestation am Beispiel des Amazonastieflandes

Hausarbeit

Vorgelegt von:

Charlott Zitschke

Abgabedatum: 06.03.2015

# Inhalt

# Abbildungen

Abb. 1: Verlust des Tropischen Regenwaldbestandes im Zeitraum von 2000 – 2025

FAO (Food and Agriculture Organization oft he United Nations) 2010: Bericht „Global

Forest Resources Assessment")

# 1 Einleitung

„Die Formenfülle des Lebens tritt uns nirgends eindrucksvoller entgegen als in den Regenwäldern der Tropen. In diesen Wäldern, speziell in denen des Amazonasgebietes, liegt das absolute Maximum der Artenvielfalt der Biosphäre unseres Planeten, denn es scheint, daß dort mehr als 50% aller Arten von Organismen leben." (REGÖS 1987:7). Der Tropische Regenwald ist eines der komplexesten Ökosysteme der Erde. Er reguliert das Klima der Erde, bietet Lebensraum für tausende Pflanzen-und Tierarten und ist der Luftfilter für die Atmosphäre. Im Rahmen dieser Arbeit wird die Zerstörung des Tropischen Regenwaldes durch Deforestation am Beispiel des Amazonastieflandes thematisiert. Im Fokus der Arbeit steht die Frage inwiefern Deforestation die Zerstörung des Regenwaldes intensiviert. Zunächst wird der Begriff Deforestation in kurzer Ausführung definiert. Anschließend werden die Hauptmotive der Abholzung analysiert, sowohl die der Bevölkerung Amazoniens als auch die Beweggründe der Industrieländer. Ferner wird eine Prognose über die Entwicklung des Regenwaldes mittels einer Tabelle erstellt, die die Vernichtung des Waldes auch in Zukunft aufzeigt, sofern die Abholzung nicht zugunsten der Nachhaltigkeit eingedämmt wird. Ebenso wird untersucht, inwiefern die eingreifenden Maßnahmen des Menschen in den Regenwald sich auf das Ökosystem der Erde auswirken. In lokaler und globaler Hinsicht werden die Folgen der Rodung analysiert. Mögliche Folgen werden benannt und eine abschließende Aussage über die Verwüstung des Regenwaldes wird getroffen. Zu klären bleibt die Frage, ob es überhaupt noch möglich ist, den Tropischen Regenwald zu retten?

# 2 Deforestation im Amazonastiefland

Zunächst ist der Begriff Deforestation zu klären. Deforestation, zu Deutsch „Entwaldung", bezeichnet den Raubbau am Tropischen Regenwald. Der Begriff bezeichnet jene Wirtschaftsweise, die ohne Rücksicht auf die Nachhaltigkeit der Anbauweise, den Bestand des Tropischen Regenwaldes reduziert. Die Ursachen der Entwaldung im Amazonasgebiet lassen sich mittels diverser Ansichten charakterisieren (DIERCKE WÖRTERBUCH 2014:740). Im Rahmen dieser Hausarbeit wird der Schwerpunkt zum einen auf die strukturellen Motive, die den Welthandel betreffen, zum anderen auf die regionalspezifischen Motive, die mit Projekten der Industrieländer vor Ort gleichzusetzen sind, gelegt.

## 2.1 Strukturelle Motive der Regenwaldvernichtung

Die jährlich im Tropischen Regenwald gewonnen Rohstoffe werden in den Welthandel eingebunden. Demzufolge ist es der Bevölkerung Amazoniens möglich das Einkommen zu sichern. Die Landwirtschaft ist die prägnanteste Ursache für die Deforestation. Laut Angaben der Weltbank werden 60% der Abholzung der Landwirtschaft zugeschrieben. Da der Anteil an Agrarfläche zunimmt, schrumpft folglich der Anteil an Waldbestand (PUFE 2006:66). Aus dieser Tatsache folgt, dass weniger Kohlenstoff im Boden gespeichert werden kann und die Biomasse der Neupflanzungen von geringerem Ausmaß ist als die des ursprünglichen Regenwaldes. Ergo werden die für das Ökosystem bedeutenden Nährstoffe reduziert und eingedämmt. Auch durch die Rinderzucht und Monokulturen wird der Boden des Regenwaldes zunehmend geschädigt (BEHRENDT & WERNER 1990:54f.). Als zweiter Faktor für die Abholzung ist der Holzeinschlag zu nennen. Da die Holzindustrie eine weitere Einnahmequelle der Bevölkerung Amazoniens darstellt, ist dieser Aspekt ebenso verantwortlich für die Abholzung der Regenwälder. „Weltweit ist die Industrie tropischer Hölzer, [...], für die Degradation von rund 5 Mio. ha Primärregenwald jährlich verantwortlich." (PUFE 2006:66f.) Dies entspricht einem prozentualen Anteil von 40% der Regenwaldzerstörung durch die Holzindustrie. Die Tropenholzindustrie stellt den Kommerz in den Vordergrund. Daraus resultiert, dass weniger auf die Nachhaltigkeit geachtet wird. Der Schaden entsteht durch das Abholzen der umliegenden Hölzer, geringfügiger durch das Roden der einzelnen massiven Tropenhölzer. Lediglich ein bis zwei Stämme pro Hektar können letztlich verwertet werden (PUFE 2006:66-68). Während die genannten Ursachen der Industrie geschuldet sind, stellt der traditionelle Wanderfeldbau der Kleinbauern Amazoniens eine augenscheinlich geringere Ursache dar. Dieser wurde – vor dem Einsetzen der Globalisierung – zur Beschaffung von Nahrungsmitteln und zur Holzgewinnung der Bauern genutzt. Die Bevölkerung wächst zunehmend, während die Fruchtbarkeit der Böden konstant bleibt. Da der Wanderfeldbau zumeist die einzige Einkommensquelle der traditionellen Bevölkerung darstellt, werden die Ackerflächen ausgemerzt. Dies rechtfertigt, dass die Phasen der Regenerierung verkürzt und der Ackerbau fortwährend betrieben wird. Folglich erleidet der Boden einen Verlust an Fruchtbarkeit und wird bis zur Brachlegung degradiert (GRABERT 1991:184f.). Aus dieser Tatsache resultiert eine Verschiebung der Prioritäten. Der Profit mit dem Tropenholzhandel wird als wichtiger erachtet als die Aufrechterhaltung des Ökosystems. Dies impliziert, dass der Regenwaldbestand kontinuierlich reduziert und eingedämmt wird. Der Tropische Regenwald im Amazonasgebiet umfasst eine Fläche von acht Millionen Quadratkilometern. Allein im Zeitraum von 1990 bis 2010 wurden 600.000 Quadratkilometer Waldbestand in Amazonien abgeholzt. Dies entspricht einer jährlichen Rate von durchschnittlich 30.000 Quadratkilometern Waldfläche (Abb.1).

## 2.2 Regional-spezifische Motive der Regenwaldvernichtung

Die zunehmende Erschließung des Regenwaldes durch die Industriestaaten beeinflusst den Grad der Abholzung Amazoniens gravierend. Deforestation wird betrieben um die Infrastruktur ausbauen zu können und folglich Zugänge zu neuen Großprojekten zu schaffen. Rohstoffe – wie Erdöl, Erdgas, Eisenerz, Kupfer und Gold – werden abgebaut und vor Ort aufbereitet (HETTLER 1991:34). Daher müssen sowohl Minen als auch Produktionsstätten errichtet werden, um die abgebauten Mineralien und Bodenschätze zu gewinnen. Diese Bodenschätze steigern die Attraktivität des Regenwaldes Amazoniens für die Industrieländer (KOHLHEPP 1987:17f.). Da die Bevölkerungszahl kontinuierlich ansteigt aufgrund zunehmender Einwanderung in das Amazonastiefland, muss Platz für diese geschaffen werden. Durch die Besiedlung wird eine neue Einnahmequelle geschaffen, die den Industriestaaten zugutekommt. Um die siedelnde Bevölkerung dieses Gebietes mit Energie zu versorgen, wird die Wasserkraft des Amazonas genutzt. Mittels großangelegten Staudämmen wird das Wasser zurückgehalten um die Energie mit Wasserkraftwerken zu gewinnen. Demgemäß werden die Produktionsstätten und die neu angelegten Siedlungsgebiete der Bevölkerung mit Energie versorgt. Durch die erbauten Straßen können weitere Teile des Waldes besiedelt werden, die eine weitere vorstoßende Abholzung erfordern (MOLIÓN 1991:52).

## 3 Auswirkungen des Raubbaus

### 3.1 Lokale Auswirkungen

Infolge der Rodung des Tropischen Regenwaldes, steigt die Bodentemperatur der abgeholzten Flächen um fünf Grad Celsius. Auch in den darüber liegenden Schichten nimmt die Temperatur im Verlauf des Tages um drei bis fünf Grad zu. Zugleich verändert sich die relative Luftfeuchtigkeit. Mit der Rodung der Bäume, die im Normalfall ihr enthaltenes Wasser durch Verdunstung an die Umwelt abgeben, sinkt folglich die Luftfeuchtigkeit rapide (MOLIÓN 1991:61f.). Aus der Reduzierung des Niederschlages resultiert eine Abflussverringerung des Bodenwassers auf der Erdoberfläche. Aufgrund verminderter Niederschläge folgt eine Abschwemmung der oberen Erdschicht. Da die Wassermenge während der Regenzeit verstärkt wird. Diese Fluterhöhung verdichtet den Boden und der Niederschlag infiltriert nur sehr langsam. Durch die Goldgewinnung steigt die Quecksilberkonzentration im Fluss an und ein Überschuss an Sedimenten wird abgelagert. Demzufolge wird die Qualität des Flusses und der darin lebenden Organismen gesenkt. Neben der hohen Quecksilberkonzentration vergiften Pestizide und chemische Düngemittel den Fluss. Diese gelangen durch den natürlichen Wasserkreislauf in den Flusslauf (GRABERT 1991:181-183). Das Blätterdach des Urwaldes schützt den Boden vor der Stärke des Niederschlages. Aufgrund der Abholzung schwindet diese Schutzfunktion. Das impliziert, dass der Niederschlag nur in den Amazonas abfließen kann. Infolge der Sonneneinstrahlung wird die Bodenfeuchtigkeit stark verringert. Ergo verlängert sich die Trockenzeit für die Pflanzen. Die gesamte Ordnung des Klimas und der Vegetation im Regenwald verschiebt sich auf die Dauer. Die Abholzung und Ausmerzung der Fruchtbarkeit durch übermäßigen Landwirtschaftsbetrieb verursacht eine gewaltige Degeneration des Bodens. Die Fruchtbarkeit schwindet, aufgrund mangelnder Regenerationsphasen. Die Beschaffenheit der Bodenstruktur wird durch den direkten Regeneinfall und das Gewicht der Maschinen zerstört. Als Resultat entsteht eine Bodenerosion, die das Areal brach legt. Durch Verschieben des Ökosystems des Regenwaldes steigt das Risiko einer Wüstenbildung. Diese Tatsache beweist, dass nicht nur der Boden und die Gewässer unter der Rodung der Bäume und dem Raubbau leiden. Im Jahr 2005 erreichte die Deforestation im Amazonastiefland die bisher höchste Abholzungsrate mit 42.000 Quadratkilometern. Trotz Wiederaufforstungsmaßnahmen und den folglich sinkenden Abholzungsraten, bleibt die Anzahl der Abholzungen weiterhin konstant (Abb.1). Das Aussterben von Tieren- und Pflanzenarten des Regenwaldes wird in Zukunft nicht verhindert werden können. Das Ökosystem verändert sich und muss den neuen Gegebenheiten weichen (GRABERT 1991:184-186).


**3.2 Globale Auswirkungen**

Der Regenwald im Amazonastiefland ist der größte zusammenhängende seiner Art und übt demzufolge erheblichen Einfluss auf das Weltklima aus. Die Sonneneinstrahlung verursacht die Verdunstung des Wassers (latente Wärme) und die Erwärmung der Luft (fühlbare Wärme). „Meteorologische Studien im zentralen Amazonasgebiet haben gezeigt, dass etwa achtzig Prozent dieser Energie zur Erzeugung von Wasserdampf verbraucht wird, [...]." (MOLIÓN 1991:57-58). Die Restenergie erwärmt die umliegende Luft. Das Amazonasgebiet bildet eine Wärmequelle für die Erde, die durch den Wärmekreislauf ihren Wärmehaushalt reguliert. Ohne die Tropengebiete würde die Erde stets an Wärme verlieren, da die Polarregionen weitaus weniger Sonneneinstrahlung erhalten als die Tropengebiete. Die Ein- und Ausstrahlung der Sonne regelt das Weltklima durch

die Wärmezirkulation. Aufgrund der zunehmenden Abholzung der Regenwälder folgt,
dass
der Kreislauf gestört wird, da die Flora durch diese Entwaldung erheblich vermindert
wird. Aufgrund der großräumigen Abholzung wäre die Wärmeabgabe in nichttropische
Gebiete nicht mehr gegeben. Die Folge wäre eine weltweite Abkühlung mit einherge-
henden Temperaturschwankungen sowie der Verkürzung des Sommers. Demzufolge
würden
die Ernteerträge vermindert werden (GHAZOUL & SHEIL 2010:179f.).

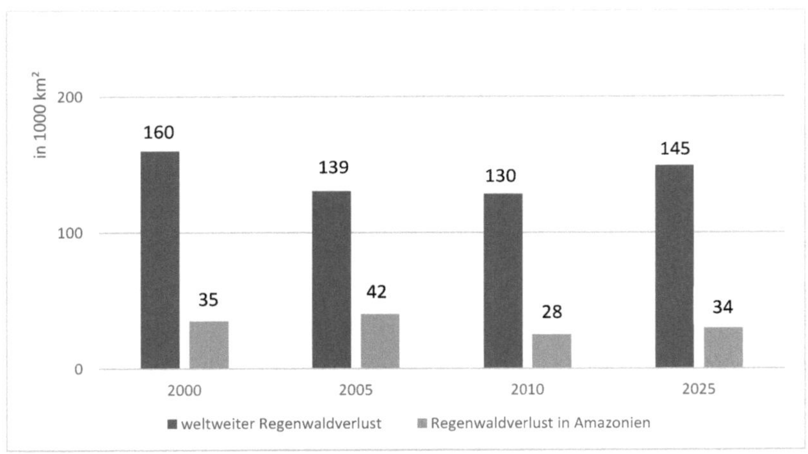


Abb. 1: Verlust des Tropischen Regenwaldbestandes im Zeitraum von 2000 – 2025
(verändert nach: FAO 2010: Global Forest Resources Assessment)

In Abbildung 1 wird die Entwicklung der Abholzung des Tropischen Regenwaldes in
Amazonien im Verhältnis zur weltweiten Abholzung dargestellt. Hierbei wird der Zeitraum von 2000-2025 analysiert. Es wird deutlich, dass die Rodung im Amazonasgebiet
einen erheblichen Teil zur weltweiten Gesamtabholzung beiträgt. Nach dem Höhepunkt
der Abholzungsrate im Jahr 2005 sank diese aufgrund der eingeleiteten Wiederaufforstungsmaßnahmen, die zum Gedanken der Nachhaltigkeit beitragen sollten. Eine eigene
Prognose vom Jahr 2025 verdeutlicht, dass zwar Nachhaltigkeitsprojekte durchgeführt
werden, aber ein erneuter Anstieg der Abholzung ist nicht auszuschließen, aufgrund des
Angebot-Nachfrage-Gedankens der Verbraucher (Abb. 1). Eine weitere Folge der zunehmenden Abholzung ist die Störung des Mischverhältnisses der Gase in der Atmosphäre. Der Regenwald ist ein Produzent von Methan und Kohlenmonoxid. Durch Ab-

bau von organischem Material und Biomassenverbrennung entstehen diese Gase. „Weiterhin beträgt die tägliche Nettoabsorption während der Regenzeit durch Photosynthese sechs Kilogramm Kohlenstoff pro Hektar." (MOLIÓN 1991: 59). Der Tropische Regenwald ist der Kohlenstoffspeicher der Welt. Jährlich werden 50 Milliarden Tonnen Kohlenstoff gespeichert (MOLIÓN 1991: 57-61). Mit der zunehmenden Brandrodung wird der Anstieg an Kohlenstoffdioxidmassen in der Atmosphäre gefördert. Der Treibhauseffekt der Erde wird zunehmend erhöht, während die produzierte Wärme des Regenwaldes reduziert wird. Dieser Gegensatz beweist, in welchem Ausmaß der Haushalt des Regenwaldes durch die zunehmende Abholzung verändert und zerstört wird. „Eine zwanzigprozentige Abnahme amazonischer Regenfälle führte zu einer Verminderung der Wärmeabgabe, die fünf Prozent des gesamten Wärmetransports in polarer Richtung [...] ausmacht." (MOLIÓN 1991: 60). Diese Ergebnisse verdeutlichen, dass eine weltweite Abkühlung durch die Abholzung hervorgerufen wird. Die nicht nur – wie bereits erwähnt – die Wachstumsperioden der Pflanzen verändern wird, sondern auch eine Weichenstellung für die nächste Eiszeit auf der Erde darstellt (MOLIÓN 1991:56-62).

## 4 Zusammenfassung

Ziel der Arbeit war es, das Ausmaß der Zerstörung durch Deforestation im Tropischen Regenwald Amazoniens zu untersuchen. Hierbei wurden auf die Motive der Betroffenen zur Deforestation hingewiesen. Wesentlich wird der Regenwald des Amazonasgebietes zur Geldgewinnung genutzt. Für die ansässige Bevölkerung zur Überlebenssicherung, für die Industriestaaten zum Profit. Durch die Erläuterung der Auswirkungen der Deforestation zeigt sich, dass die Deforestation das Ökosystem des Tropischen Regenwaldes massiv verändert. Folglich kommt es zu weltweiten Auswirkungen, die das gesamte Ökosystem Erde stören. Sowohl der Boden als auch das Weltklima leiden unter der Abholzung der Bäume. Wie in Abbildung 1 ersichtlich wird, wird die Abholzung seit dem Jahr 2005 geringer ausgeübt. Grund hierfür sind die Wiederaufforstungsmaßnahmen. Allerdings entspricht die Qualität des neu errichteten Sekundärwaldes nicht dem Niveau des Primärwaldes. Im Rahmen dieser Arbeit konnte nicht abschließend geklärt werden, ob die Regenwaldzerstörung weiterhin in diesem Ausmaß vollzogen werden wird, wie bisher. Dennoch besteht das Angebot-Nachfrage-Schema weiterhin und zu fragen bleibt, ob die Industrie sich an der Nachhaltigkeit orientiert oder die massive Abholzung fortwährend betreiben wird.

## Literatur

BEHRENDT, R. & P. WERNER (1990): Raubmord am Regenwald. Vom Kampf gegen das Sterben der Erde. Reinbek: Rowohlt Verlag.

GRABERT, H. (1991): Der Amazonas. Geschichte und Probleme eines Stromgebietes zwischen Pazifik und Atlantik. Berlin; Heidelberg; New York u.a.: Springer.

HETTLER, J. (1991): Bodenschätze in den Gebieten der Tropischen Regenwälder. Chancen und Gefahren. In: NIEMITZ, C. (Hrsg.): Das Regenwaldbuch. Mit einem Geleitwort von Willy Brandt. Berlin; Hamburg: Parey Verlag, 29-50.

DIERCKE WÖRTERBUCH GEOGRAPHIE (2014[15]), LESER, H. (Hrsg.). Braunschweig: Westermann Verlag.

GHAZOUL, J. & D. SHEIL (2010): Tropical Rain Forest Ecology, Diversity, and Conversation. Oxford: Oxord University Press.

KOHLHEPP, G. (1987): Amazonien. Regionalentwicklung im Spannungsfeld ökonomischer Interessen sowie sozialer und ökologischer Notwendigkeiten. Problemräume der Welt Bd.8, Köln: Aulis Verlag Deubner.

MOLIÓN, L. (1991): Entwaldung von Amazonien und Auswirkungen auf das Weltklima. In: NIEMITZ, C. (Hrsg.): Das Regenwaldbuch. Mit einem Geleitwort von Willy Brandt. Berlin; Hamburg: Parey Verlag, 51-65.

PUFE, I. (2006): Klima – Wälder – Indigene Völker. Umwelt- und Entwicklungspolitik im Rahmen des „Klima-Bündnisses" zur Erhaltung von Natur und Kultur in Amazonien. Augsburg: oekom Verlag.

REGÖS, J. (1987): Die grüne Hölle – ein bedrohtes Paradies. Bericht aus dem Regenwald. Hamburg; Berlin: Parey Verlag.

# Die Zerstörung des Tropischen Regenwaldes am Beispiel des Amazonastieflandes

Handout zum Vortrag am 29./30.05.2015

## Inwiefern intensiviert Deforestation die Zerstörung des Tropischen Regenwaldes?

## Gliederung:

1. Einleitung: Zustand und Bedeutung des Amazonas-Regenwaldes
2. Begriffsklärung: Was ist „Deforestation"?
3. Ursachen der Deforestation
4. Entwicklung der Abholzungsrate
5. Auswirkungen durch die Deforestation
6. Diskussion

## Begriffsklärung: Was ist „Deforestation"?

Deforestation („Entwaldung") bezeichnet nach den Raubbau am Tropischen Regenwald. Der Begriff bezeichnet jene Wirtschaftsweise, bei der ohne Rücksicht auf Zustand und künftige Nutzung das Naturraumpotential ausgebeutet wird (DIERCKE WÖRTERBUCH 2014: 740). Hierbei wird auf die Technik der Brandrodung oder Abholzung des Regenwaldes zurückgegriffen, um den Regenwald effektiv nutzen zu können. Das Augenmerk wird in diesem Referat auf das Gebiet Amazoniens gelegt.

## Ursachen der Deforestation:

These: Das Verlangen nach exotischen Konsumgütern stellt die Nachhaltigkeit im Umgang mit der Natur in den Hintergrund.

60 % der jährlichen Abholzung des Regenwaldes werden in Amazonien der Landwirtschaft zugeschrieben (PUFE 2006:66). Agrarflächen werden benötigt, um Monokulturen (z.B. Sojamonokulturen) anzubauen und Rinderzucht auf den geweideten Flächen zu betreiben. Auch der kommerzielle Holzeinschlag ist eine wesentliche Ursache der Abholzung. Um massive und qualitativ hochwertige Tropenhölzer zu gewinnen, werden die umliegenden Hölzer gerodet. Der Schaden entsteht nicht durch die Rodung der einzelnen Bäume, sondern durch das Zerstören des umliegenden Gehölzes (BEHRENDT & WERNER 1990:54f.). Der traditionelle Wanderfeldbau der einheimischen Bevölkerung ist eine weitere Ursache der Deforestation. Da der Wanderfeldbau meist die einzige Einkommensquelle für die Bewohner darstellt, werden die Flächen ausgemerzt, bis dies folglich zur Brachlegung der gesamten Waldfläche führt. Eine letzte und wichtige Ursache der Abholzung des Regenwaldes stellt der Ausbau

der Infrastruktur in den Tropen dar. Um zu Großprojekten und Minen der Industriestaaten, die zur Rohstoffgewinnung (Gold, Eisenerz, Kupfer, Erdöl) errichtet wurden, zu gelangen, müssen Straßen erbaut werden. Folglich muss der Regenwald weichen (GRABERT 1991: 184f.).

## Entwicklung der Abholzungsrate:

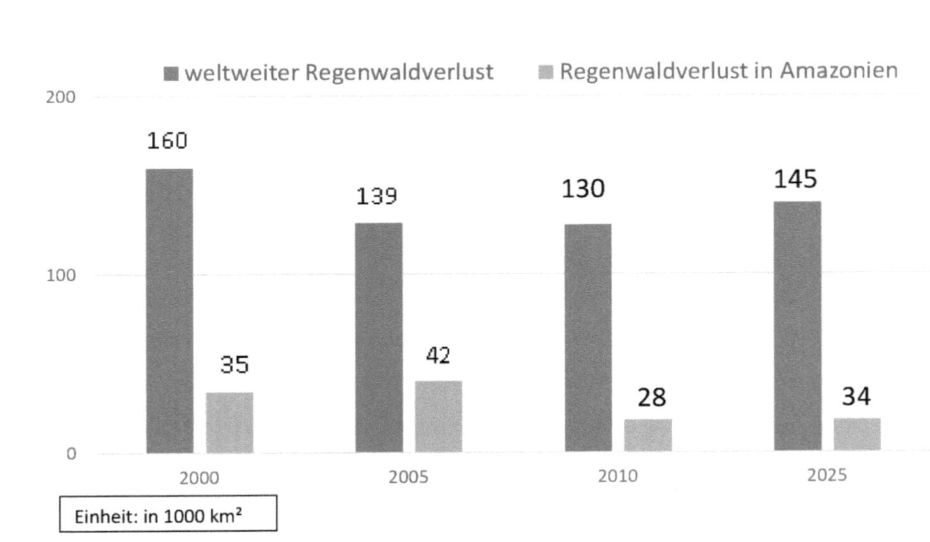


Abb.: Verlust des Tropischen Regenwaldbestandes im Zeitraum von 2000-2025
(in Anlehnung an: FAO (Global Forest Ressources Assessment) 2010: 43)

Die Rodung im Amazonasgebiet trägt einen erheblichen Teil zur weltweiten Gesamtabholzung bei. Allein im Zeitraum von 1990 bis 2010 wurden 600.000 km² Waldbestand in Amazonien abgeholzt. Dies entspricht einer jährlichen Rate von durchschnittlich 30.000 km² Waldfläche. Eine eigene Prognose vom Jahr 2025 verdeutlicht, dass zwar Nachhaltigkeitsprojekte durchgeführt werden um die Abholzung einzudämmen, aber ein erneuter Anstieg der Abholzung nicht auszuschließen ist. Ersichtlich wird, dass der Profit mit dem Tropenholzhandel als wichtiger erachtet wird als die Aufrechterhaltung des Ökosystems.

## Auswirkungen durch die Deforestation:

These: Die Deforestation verursacht eine Veränderung des lokalen Klimas Amazoniens, die sich zunehmend auf das Weltklima niederschlägt.

Die Bodentemperatur der gerodeten Waldflächen steigt um 5°C, während die Luftfeuchtigkeit sinkt. Die Niederschläge verringern sich, was wiederum eine Abflussverminderung des Bodenwassers auf der Erdoberfläche impliziert. Der Verlust des Blätterdachs führt zur Austrocknung des Bodens durch die Sonneneinstrahlung. Die Bodenfeuchtigkeit wird vermindert, dies bedeutet eine längere Trockenzeit für die Pflanzen (GHAZOUL & SHEIL 2010: 181f.). Der Regenwald Amazoniens beeinflusst das Weltklima erheblich. Die Sonneneinstrahlung bewirkt die Verdunstung des Wassers und die Erwärmung der Luft. Der Regenwald Amazonies ist eine Wärmequelle für den Wärmehaushalt der Erde. Durch die zunehmende Abholzung wird die Wärmeabgabe in nichttropische Gebiete reduziert. Eine weltweite Abkühlung mit enormen Temperaturschwankungen wird folgen (MOLIÓN 1991:59f.). Der Regenwald produziert Methan und Kohlenmonoxid durch den Abbau von organischem Material und Biomassenverbrennung. Als Kohlenstoffspeicher der Erde speichert Amazoniens Regenwald 50 Milliarden Tonnen an Kohlenstoff jährlich. Der natürliche Treibhauseffekt der Erde wird durch die zunehmende Abgabe von Methan und Kohlenmonoxid verstärkt, während die Wärmeproduktion des Regenwaldes sinkt. Lokale Auswirkungen führen zu globalen Klimaveränderungen.

---

Im Rahmen des Referates konnte nicht abschließend geklärt werden, ob die Regenwaldzerstörung weiterhin in diesem Ausmaß vollzogen werden wird und ob sich die Industrie an einer nachhaltigeren Anbauweise orientieren wird.

## Diskussion

Das Konsumverhalten der Menschheit ist zu weit fortgeschritten, um den Regenwald zu retten.

## Literatur


BEHRENDT, R. & P. WERNER (1990): Raubmord am Regenwald. Vom Kampf gegen das Sterben der Erde. Reinbek: Rowohlt Verlag.

GRABERT, H. (1991): Der Amazonas. Geschichte und Probleme eines Stromgebietes zwischen Pazifik und Atlantik. Berlin; Heidelberg; New York u.a.: Springer.

DIERCKE WÖRTERBUCH GEOGRAPHIE (2014[15]), LESER, H. (Hrsg.). Braunschweig: Westermann Verlag.

GHAZOUL, J. & D. SHEIL (2010): Tropical Rain Forest Ecology, Diversity, and Conversation. Oxford: Oxord University Press.

MOLIÓN, L. (1991): Entwaldung von Amazonien und Auswirkungen auf das Weltklima. In: NIEMITZ, C. (Hrsg.): Das Regenwaldbuch. Mit einem Geleitwort von Willy Brandt. Berlin; Hamburg: Parey Verlag, 51-65.

PUFE, I. (2006): Klima – Wälder – Indigene Völker. Umwelt- und Entwicklungspolitik im Rahmen des „Klima-Bündnisses" zur Erhaltung von Natur und Kultur in Amazonien. Augsburg: oekom Verlag.

Die Zerstörung des Tropischen Regenwaldes durch Deforestation am Beispiel des Amazonastieflandes

Referentin: Charlott Zitschke

---

„Die Formenfülle des Lebens tritt uns nirgends eindrucksvoller entgegen als in den Regenwäldern der Tropen. In diesen Wäldern, speziell in denen des Amazonasgebietes, liegt das absolute Maximum der Artenvielfalt der Biosphäre unseres Planeten, denn es scheint, dass dort mehr als 50% aller Arten von Organismen leben" (REGÖS 1987:7)

# Inwiefern intensiviert Deforestation die Zerstörung des Regenwaldes?

(1)

**Thesen:**

- Das Verlangen nach exotischen Konsumgütern stellt

  die Nachhaltigkeit im Umgang mit der Natur

  in den Hintergrund.

- Die Deforestation verursacht eine Veränderung des lokalen Klimas

  Amazoniens, die sich zunehmend  auf das Weltklima niederschlägt.

---

# Gliederung

(2)

- 1. Einleitung: Zustand und Bedeutung des

  Amazonas-Regenwaldes

- 2. Begriffsklärung: Was ist „Deforestation"?

- 3. Ursachen der Deforestation

- 4. Entwicklung der Abholzungsrate

- 5. Auswirkungen durch die Deforestation

- 6. Zusammenfassung

- 7. Literatur

- 8. Diskussion

# 1. Einleitung: Zustand und Bedeutung des Amazonas-Regenwaldes



→Die Amazonas-Regenwälder mit ihrer überwältigenden Artenvielfalt werden zu Recht als die Kronjuwelen der Weltnatur bezeichnet. Doch die Existenz ist bedroht. Der Regenwald stirbt. Das ist keine neue Nachricht, doch leider ist sie immer noch brandaktuell.

# 2. Begriffsklärung: Was ist „Deforestation"?



- Deforestation bedeutet „Entwaldung"
- Raubbau am Tropischen Regenwald
- Wirtschaftsweise, die keinen Wert auf Nachhaltigkeit legt
- Folge: Reduzierung des Regenwaldbestandes

# 3. Ursachen der Deforestation

- 1. Landwirtschaft (Monokulturen und Rinderzucht)
- 2. Holzeinschlag(Gewinnung von Tropenhölzern)
- 3. traditioneller Wanderfeldbau zur Agrarnutzung
- 4. Zugang zu Großprojekten und Minen

# 4. Entwicklung der Abholzungsrate

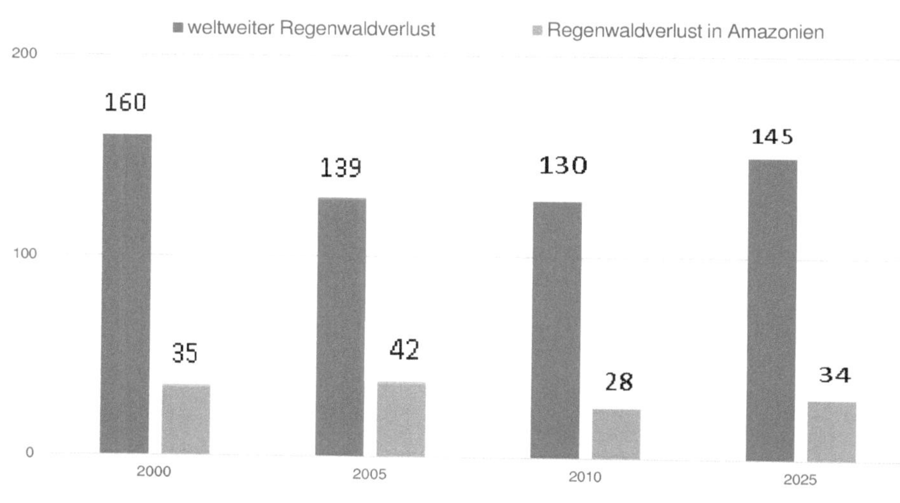

# 5. Auswirkungen durch die Deforestation

- Ansteigen der Bodentemperatur

- Absinken der Luftfeuchtigkeit

- Niederschlagsverminderung

- weltweite Abkühlung

- Intensivierung des natürlichen Treibhauseffektes


# 6. Zusammenfassung

- Nutzung des Amazonas-Regenwaldes zur Geldgewinnung

- Deforestation verändert das Ökosystem des Tropischen Regenwaldes

- Vegetation und Weltklima leiden unter der Deforestation

- Aufgeworfene Fragen:

→ Veränderung des Ausmaßes der Regenwaldzerstörung

→ nachhaltige Anbauweise

# 7. Literatur




- BEHRENDT, R. & P. WERNER (1990): Raubmord am Regenwald. Vom Kampf gegen das Sterben der Erde. Reinbek: Rowohlt Verlag.
- GRABERT, H. (1991): Der Amazonas. Geschichte und Probleme eines Stromgebietes zwischen Pazifik und Atlantik. Berlin; Heidelberg; New York u.a.: Springer.
- DIERCKE WÖRTERBUCH GEOGRAPHIE (2014$^{15}$), LESER, H. (Hrsg.). Braunschweig: Westermann Verlag.
- GHAZOUL, J. & D. SHEIL (2010): Tropical Rain Forest Ecology, Diversity, and Conversation. Oxford: Oxord University Press.
- MOLIÓN, L. (1991): Entwaldung von Amazonien und Auswirkungen auf das Weltklima. In: NIEMITZ, C. (Hrsg.): Das Regenwaldbuch. Mit einem Geleitwort von Willy Brandt. Berlin; Hamburg: Parey Verlag, 51-65.
- PUFE, I. (2006): Klima – Wälder – Indigene Völker. Umwelt- und Entwicklungspolitik im Rahmen des „Klima-Bündnisses" zur Erhaltung von Natur und Kultur in Amazonien. Augsburg: oekom Verlag.


# 8. Diskussion



Das Konsumverhalten der Menschheit ist zu weit fortgeschritten, um den Regenwald zu retten.

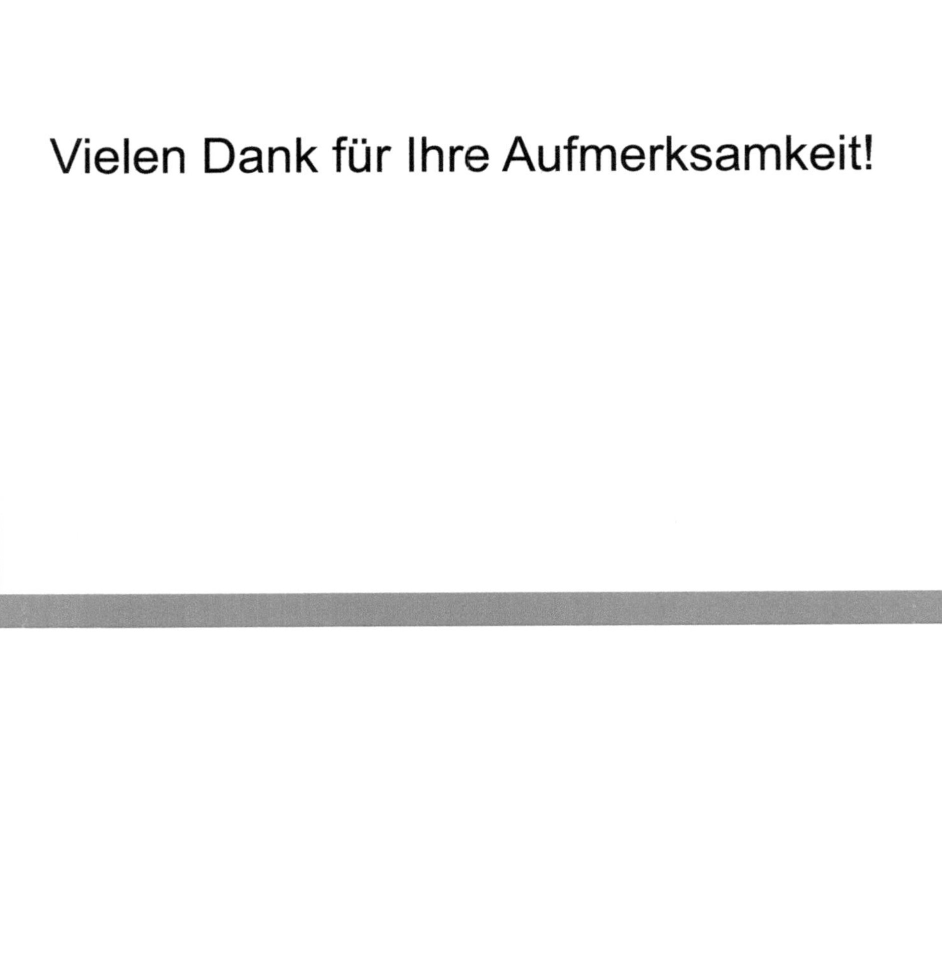
Vielen Dank für Ihre Aufmerksamkeit!

# BEI GRIN MACHT SICH IHR WISSEN BEZAHLT

- Wir veröffentlichen Ihre Hausarbeit,
  Bachelor- und Masterarbeit

- Ihr eigenes eBook und Buch -
  weltweit in allen wichtigen Shops

- Verdienen Sie an jedem Verkauf

## Jetzt bei www.GRIN.com hochladen und kostenlos publizieren